AF502378

ENCYCLOPÉDIE

POPULAIRE,

ou

LES SCIENCES, LES ARTS

ET LES MÉTIERS,

MIS A LA PORTÉE DE TOUTES LES CLASSES;

L'instruction mène à la fortune
et conduit au bonheur.

LE FUMISTE.

ART

DE CONSTRUIRE LES CHEMINÉES,

DE CORRIGER LES ANCIENNES ET DE SE
GARANTIR DE LA FUMÉE:

PAR M. E. PELOUZE,

AUTEUR DU *Maître de Forges*, etc.

PARIS,

AUDOT, ÉDITEUR,

RUE DES MAÇONS-SORBONNE, N° 11.

1828.

IMPRIMERIE DE A. HENRY,
RUE GIT-LE-COEUR, N° 8.

AVERTISSEMENT.

—

Deux des volumes qui font partie de l'*Encyclopédie Populaire*, tous deux traduits de l'anglais, l'un sous le titre de *Traité de la Chaleur*, et l'autre sous celui de *Pneumatique*, embrassent toutes les théories dont l'ouvrage que nous offrons ici n'est qu'une rigoureuse application. Nous sommes donc dispensé de le faire précéder d'aucune discussion purement scientifique. Nous devons entrer directement en matière, en nous bornant, 1° à rappeler des faits observés ; 2° à en tirer les conséquences susceptibles de guider dans la pratique de l'art qui nous occupe.

Nous divisons ce petit Traité de Caminologie en deux parties : la première a pour objet l'examen des causes qui rendent ordinairement les cheminées fumeuses, et les moyens d'y remédier, autant que possible, sans faire de changemens notables dans la construction des cheminées vicieuses. Ce sont principalement les idées du célèbre Franklin que nous reproduisons à cet égard, parce que, de tous les modernes, c'est incontestablement le philosophe américain qui, donnant suite aux recherches de Savot et de Gauger, a le plus ingénieusement et le plus complétement expliqué les causes variées de la fumée dans les appartemens. Tout ce qu'on a écrit depuis lui, n'a fait que confirmer ses observations.

Le comte de Rumford, venant après Franklin, s'est à la fois occupé des moyens de corriger les cheminées et d'augmenter, aux moindres frais possibles, la chaleur qu'elles procurent. C'est une analise raisonnée et méthodique de son essai sur ces matières qu'offre notre deuxième chapitre. Celui-ci traite spécialement des feux ouverts.

Nous avons réservé tout ce qui concerne l'effet calorifique des poêles, et les détails de construction qu'offrent une foule d'appareils proposés, dans ces derniers tems, pour le *Traité du Chauffage, de la Ventilation et des Constructions py-*

rotechniques de toute espèce, que nous allons publier immédiatement après celui de Caminologie.

Le lecteur remarquera peut-être une lacune à l'égard des vices de construction des cheminées sous le rapport des incendies ou d'autres accidens ; cette lacune sera remplie par notre essai particulier sur les moyens de prévenir les incendies, d'en arrêter les progrès, ou de rendre leurs suites moins funestes.

La collection de ces Traités distincts, et qui, cependant, se vendront séparément, parce que tous ne sont pas également utiles à tout le monde, offrira, nous osons l'espérer, sous un assez petit volume, toutes les connaissances pratiques véritablement utiles dans ces matières.

LE FUMISTE.

PREMIÈRE PARTIE.

DES CAUSES QUI PEUVENT RENDRE LES CHE-
MINÉES FUMEUSES, ET DES CORRECTIONS
DONT ELLES SONT SUSCEPTIBLES, SANS
CHANGEMENS NOTABLES DANS LA CONS-
TRUCTION.

La fumée qui s'élève des divers com-
bustibles qui brûlent dans nos cheminées, est communément un mélange
assez compliqué de vapeurs et de différens gaz; mais nous n'avons pas ici à
nous occuper de sa nature chimique:
nous la considérerons, par abstraction,

1 *

comme une substance simple, dont quelques propriétés physiques seulement intéressent nos recherches sur les moyens de nous préserver de ses fâcheux effets quand, au lieu de s'élever dans les tubes qui lui sont ménagés pour son issue, elle se répand dans nos appartemens.

Sous ce point de vue, ce n'est plus pour nous qu'une vapeur élastique, dense, produite par des corps en combustion. Comme cette vapeur est extrêmement fatigante pour plusieurs de nos sens, et souvent extrêmement préjudiciable à la santé, on a dû imaginer différens moyens pour jouir des avantages du feu sans éprouver l'incommodité de la fumée qui l'accompagne. Le plus universellement en usage de tous ces moyens, est un tube qui conduit de la chambre dans laquelle le feu est allumé au sommet de l'édifice, et par lequel la fumée monte pour se disperser ensuite dans l'atmosphère. C'est à ces tubes que l'on a donné le nom de cheminées. Quand ils sont construits d'une manière convenable, ils donnent passage à la totalité de la fumée ; et, quand ils sont imparfaitement construits, il n'y passe qu'une partie de celle-ci, et les personnes qui

habitent l'appartement souffrent beaucoup.

Pour concevoir ce que nous avons à
dire sur cette matière, il faut commencer
par examiner en vertu de quelle impul-
sion la fumée s'élève dans une cheminée.
D'abord, chacun serait disposé à penser
que la fumée, de sa nature et par elle-
même, est plus légère spécifiquement
que l'air atmosphérique, et qu'elle s'y
élève par la même raison que le liége
s'élève au-dessus de l'eau. Cette manière
de voir doit conduire à penser qu'il n'y a
pas de raison pour que la fumée ne s'élève
pas dans le tube d'une cheminée, quelque
bien clos que puisse être l'appartement
dans lequel celle-ci se trouve. D'autres
croient que c'est dans la cheminée elle-
même que réside le pouvoir d'attirer la
fumée, et que les formes diverses des
cheminées leur attribuent plus ou moins
de ce pouvoir : ceux-ci s'occupent, par
conséquent, des formes qu'ils croient
plus propres à atteindre ce but fantasti-
que. L'égalité dans les dimensions du
tube, sur toute sa longueur, leur semble une disposition trop simple, trop
exempte de recherche et d'art ; et, d'a-
près des raisons imaginaires, tantôt on

fait affecter à ces tubes un rétrécissement progressif, et tantôt, par suite d'un
raisonnement contraire, mais aussi peu
fondé, on leur donne de l'élargissement
à mesure qu'ils s'élèvent, etc., etc.
Il suffira d'une expérience bien simple, pour rectifier, à cet égard, les
idées. Qu'on allume une pipe chargée de
tabac, qu'on en plonge le tuyau jusqu'au
fond d'un flacon à moitié rempli d'eau
froide; mettant ensuite un linge sur ce
vase, que l'on souffle pour faire descendre la fumée dans le tuyau de pipe, à
l'extrémité duquel elle sortira, et d'où
elle s'élèvera jusqu'à la surface de l'eau.
Ayant de cette manière été refroidie,
on la verra se promener lentement et
rester à la surface de l'eau, sans pouvoir
s'élever dans le col du flacon. Ceci prouve
que la fumée est en réalité plus pesante
que l'air, et que si elle s'élève dans l'atmosphère, ce n'est que par adhérence à
de l'air échauffé et par conséquent raréfié, rendu plus léger que celui du voisinage.

Comme l'on ne voit que rarement de
la fumée sans qu'elle soit accompagnée
d'un air échauffé, et que le mouvement
ascensionel de celle-là est toujours visi-

ble, tandis que celui de l'air échauffé qui l'entraîne ne l'est pas, on est tout naturellement conduit à faire erreur dans l'observation du phénomène.

Dans le fait, aucune forme particulière du tube de la cheminée n'a d'influence quelconque sur l'ascension de la fumée, excepté ce qui est de la hauteur de ce tube. S'il est vertical, plus il sera long, et plus de force il aura, étant rempli d'air échauffé et raréfié, pour tirer par le bas et entraîner dans le haut la fumée, si toutefois, pour se conformer à l'usage, on peut appeler *tirage* ce qui n'est que l'effet d'un plus grand poids de l'atmosphère environnante, qui presse et qui tend à s'introduire, par le bas, dans le tube de la cheminée, en chassant devant elle la fumée et l'air chaud qu'elle trouve sur son passage.

A quoi tient-il donc qu'une cheminée soit fumeuse, c'est-à-dire qu'au lieu de conduire dans le haut, et de donner issue à toute la fumée, elle en laisse échapper une partie dans la chambre, qui offusque douloureusement la vue et gâte l'ameublement?

On peut réduire à neuf les causes principales de ce mauvais effet; toutes

causes différant entre elles, et qui, par
conséquent, exigent des corrections particulières.

I. *Les cheminées ne sont fumeuses,
souvent, dans une maison neuve, que
par manque d'air.* La menuiserie des appartemens est encore hermétique en sor-
tant des mains de l'ouvrier; les joints des
planchers et les panneaux des lambris
n'admettent pas d'air ambiant, non plus
que les murs, qui ne sont même peut-
être pas encore parfaitement secs, et
qui maintiennent dans les appartemens
une moiteur qui fait gonfler la menuiserie; les portes et les châssis des croi-
sées sont dans le même cas; tout ferme
exactement; l'appartement est clos
comme une bonbonnière, il ne reste
aucun autre passage à l'air que le trou
de la serrure; celui-ci même est quelquefois recouvert d'une cache-entrée.
Or, s'il est impossible à la fumée de
s'élever sans l'influence de l'air raréfié,
et qu'une colonne de cet air, qu'on suppose remplir le tube de la cheminée, ne
puisse elle-même s'élever sans que d'autre air vienne occuper sa place; et si,
par conséquent, il ne peut s'établir
aucun courant d'air par l'ouverture

basse de la cheminée , nous ne voyons
rien qui doive s'opposer à ce que la fumée se répande dans l'appartement. Si
l'on observe le mouvement ascensionel de l'air dans une cheminée , lorsqu'il y est librement renouvelé , au
moyen de l'élévation de la fumée ou
d'une plume jetée au milieu d'elle , et
si l'on considère que , dans le même
tems requis pour l'ascension de cette
plume , du bas du foyer jusqu'au sommet de la cheminée , une colonne d'air,
égale à la capacité du tube , doit s'échapper, et une quantité égale de nouvel air
doit être introduite aux dépens de celui
contenu dans la chambre , il paraîtra
absolument impossible que ceci puisse
avoir lieu, si cette chambre, bien close,
est tenue fermée ; car, en supposant
même qu'il existât une force capable
d'expulser constamment autant d'air, la
chambre ne tarderait pas à en être totalement épuisée , à peu près comme le
récipient d'une pompe pneumatique , et
aucun animal ne pourrait y respirer. On
voit, par conséquent, que les personnes
qui bouchent toute espèce de fissure
dans un appartement, dans la vue d'y
empêcher l'introduction d'aucun air

froid, et qui cependant exigent que leur
cheminée les débarrasse de toute la fumée produite, demandent des choses
incompatibles et comptent sur des im-
possibilités. Il n'est cependant pas rare,
dans ces circonstances, de voir le pro-
priétaire d'une maison nouvellement
construite, au désespoir et prêt à s'en
défaire avec grande perte, parce qu'il
la juge inhabitable. On a vu faire de
grandes dépenses pour raccommoder
des cheminées qui n'avaient aucun défaut.

Correction. Ouvrez une croisée, et
voyez s'il y a de l'amélioration. Il ne
vous restera plus, après avoir constaté
l'urgence d'admettre de l'air extérieur,
qu'à évaluer la quantité strictement nécessaire, afin de ne pas refroidir l'appartement mal-à-propos. Pour vous assurer
de cette quantité, fermez graduellement
la porte quand vous aurez allumé un feu
moyen, et continuez à la fermer jusqu'à
ce qu'il commence à reparaître de la
fumée dans l'appartement Arrêtez-vous
là, et observez la largeur de l'ouverture
ainsi pratiquée. Supposons que cette
ouverture soit d'un demi-pouce, et que
la porte ait huit pieds de hauteur, il en

résultera que la quantité de l'air ambiant requise est de quatre-vingt-seize demi-pouces ou quarante-huit pouces carrés : ce qui peut se transformer, par exemple, en un passage de six pouces sur huit. Mais il est rare qu'on ait besoin d'une aussi grande ouverture : le docteur Franklin a observé qu'une ouverture de six pouces sur six, ou trente-six pouces carrés, était un terme moyen assez convenable dans presque toutes les occasions. Des tuyaux de cheminée très-allongés, avec des ouvertures inférieures étroites et basses, n'exigent même que bien moins d'étendue dans l'aperture pour l'introduction de l'air extérieur ; et cela parce que, conséquemment à des raisons dont nous parlerons plus loin, la force de légèreté, s'il est permis de s'exprimer ainsi, étant plus grande dans les tubes de cette espèce, l'air froid s'introduit dans la chambre avec plus de vélocité, et, par conséquent, il en entre une plus grande quantité dans le même tems donné. Ceci a cependant des limites ; car l'expérience a fait connaître qu'aucune augmentation de vélocité n'a pu rendre le trou de la serrure

suffisant pour fournir de l'air proportionnellement à l'évacuation désirée.

Il reste encore à considérer comment
et par où il faut introduire cet air dont
on a évalué la quantité rigoureusement
nécessaire, et cela pour qu'il soit incommode le moins possible. Si on lui
donne entrée par la porte laissée entr'ouverte, on en est péniblement affecté;
car, dans ce cas, il s'élance directement
vers la cheminée, et il refroidit tout sur
son passage; par la fenêtre, l'inconvénient est à peu près le même. On a
imaginé pour cela bien des moyens:
tels, par exemple, que des tuyaux pé-
nétrant dans la cheminée, lesquels,
soufflant vers le haut, devaient chasser
la fumée dans le tube; ou bien des ouvertures dans le haut pour l'introduction
de l'air. Mais tout cela ne produit qu'un
effet contraire à ce qu'on en attend:
car, puisque c'est le courant continuel
de l'air qui passe de la chambre dans le
tube par l'ouverture de la cheminée,
qui empêche la fumée de se répandre
dans la chambre, si vous en fournissez
au tube par quelque autre moyen ou
d'une autre manière, et spécialement
si cet air est froid, vous diminuez la

force de ce courant, et la fumée trouve
moins de résistance aux efforts qu'elle
fait pour se répandre dans l'appartement.

Il est donc certain que c'est dans la
chambre qu'il faut introduire l'air nécessaire pour fournir à celui qui passe
par l'ouverture de la cheminée.

On a, avec beaucoup de raison par
conséquent, proposé d'introduire cet
air plus haut que l'ouverture de la cheminée ; et, pour obvier à l'inconvénient
qui résulte du froid, on a conseillé de le
faire passer par des cavités en zig-zag,
pratiquées derrière la plaque de contre-
cœur et les côtés de la cheminée, et sous
la plaque de foyer ; parce que, dans ces
conduits, l'air s'échauffe au point de contribuer beaucoup à élever la température de la chambre, au lieu d'y porter
du froid. Cette idée est excellente en
elle-même, et on peut en tirer bon parti
dans la construction des nouvelles maisons, dont les cheminées peuvent être
disposées de manière que l'entrée de cet
air froid soit rendue facile dans ces conduits ; mais pour les maisons construites
hors de ce système, les cheminées se
trouvent souvent disposées de manière

à ne pas offrir la possibilité d'un tel ar-
rangement, à moins de changemens con-
sidérables et très-coûteux. Des métho-
des faciles et économiques, quoique
moins parfaites en elles-mêmes, sont
à préférer, à cause de leur utilité plus
générale, et en voici une :

Dans toutes les chambres à feu, la
masse de l'air échauffé et raréfié sur le
devant de la cheminée, change conti-
nuellement en faisant place à de nouvel
air qui doit, à son tour, être échauffé;
une partie entre dans la cheminée et s'y
élève, et le reste se dirige vers le plafond de la chambre. Si celle-ci est très-
haute, cet air chaud reste au-dessus de
nos têtes, tant qu'il conserve de la chaleur, et nous n'en tirons pas grand avantage, car il ne descend que lorsqu'il est
refroidi. Peu de personnes peuvent s'i-
maginer quelle est la différence de température entre les régions haute et basse
d'un tel appartement, quand elles ne
s'en sont pas convaincues à l'aide du
thermomètre, ou en montant à une
échelle presque jusqu'au plafond. C'est
donc au milieu de cet air chaud que la
quantité requise d'air extérieur peut être
introduite le plus convenablement : et de

ce mélange, il résulte une température moyenne, et les inconvéniens signalés plus haut disparaissent presque entièrement. On peut facilement obtenir ce résultat en abaissant d'environ un pouce la partie haute du châssis d'une fenêtre ; ou bien, s'il n'y en a pas de mobile, en pratiquant une ouverture dans le vitrage de ce châssis. Dans un cas comme dans l'autre, il sera bon de placer une planche mince suffisamment longue pour cacher l'ouverture, et inclinée vers le haut, de manière à diriger l'air ambiant horizontalement sous le prolongement du plafond. Dans quelques maisons, on peut introduire l'air par une ouverture semblable pratiquée dans le lambris, sous une corniche, etc., près du plafond et au-dessus de l'ouverture de la cheminée. Ceci est à préférer quand on peut le faire, parce que l'air froid introduit trouvera là l'air le plus chaud qui s'élève devant la région du feu, et il en sera d'autant plus vite échauffé par ce mélange. Il faut encore ici placer la même espèce de planchette. Un autre moyen, qui n'est guère plus difficile, consiste à enlever un des carreaux supérieurs d'une croisée, à le mettre sur un châssis d'étain en lui donnant deux côtés angulaires, et à le replacer ensuite avec des gonds en dessous, sur lesquels il puisse tourner, pour s'ouvrir plus ou moins dans la partie supérieure ; il aura alors la forme d'un abat-jour intérieur. En tirant en dedans ce carreau plus ou moins, il vous sera possible d'introduire la quantité d'air que vous jugerez convenable. C'est ce qu'on appelle un *vasistas*.

II. Une seconde cause qui fait les cheminées fumeuses, *c'est leur trop grande ouverture dans la chambre* ; c'est-à-dire trop large, ou trop haute, ou l'un et l'autre. En général, les architectes n'ont pas d'autre idée de l'ouverture d'une cheminée, que celle qui se rapporte à la symétrie, à la beauté, eu égard aux dimensions de l'appartement ; tandis que les vraies proportions de la cheminée, sous le rapport de son usage et de son utilité, reposent entièrement sur de tout autres principes.

La proportion à laquelle il convient ensuite d'avoir égard, est la hauteur du tube ; car puisque les tubes dans les différens étages d'une maison, sont nécessairement de hauteurs ou longueurs différentes, celui du plus bas étage étant

le plus haut ou le plus long, et ceux des
autres étages de plus courts en plus
courts, jusqu'à ce qu'on arrive à ceux
des greniers, qui sont, par conséquent,
les plus courts ; et puisque la force de
tirage est, comme on l'a dit ci-devant,
proportionnelle à la hauteur du tube
rempli d'air raréfié, et qu'un courant
d'air établi de la chambre dans la cheminée, suffisant pour remplir l'ouverture, est nécessaire afin d'empêcher que
la fumée ne se répande dans la chambre,
il s'ensuit que les ouvertures des plus
longs tubes peuvent être plus grandes, et
que celles des plus courts tubes doivent
être plus petites ; car s'il y a une grande
ouverture à une cheminée qui ne tire pas
fortement, il peut arriver que le tube re-
çoive l'air qu'il demande par un courant partiel qui entrera d'un côté de l'ouverture, et l'autre côté restant sans
aucun courant opposé, la fumée pourra
se frayer un passage dans la chambre.
La force du tirage d'un tube dépend
aussi beaucoup du degré de raréfaction
de l'air qu'il contient, et cette raréfaction dépend elle-même de la proximité
où il a été du foyer en passant pour entrer dans le tube. Si l'air peut y entrer

sur un point éloigné du feu des deux côtés, ou fort au-dessus du feu, par une
ouverture large ou haute, il ne reçoit
que peu de chaleur du feu, et ce que le
tube contient, diffère peu, d'après cela,
de l'atmosphère environnante, et, par
conséquent, la force de tirage est moindre. Voilà pourquoi, si dans les chambres supérieures l'on donne une trop
grande ouverture aux cheminées, ces
chambres seront enfumées. D'un autre
côté, si l'on fait les ouvertures trop
étroites dans les étages inférieurs, l'air
ambiant agissant trop directement et
trop violemment contre le feu, et aug-
mentant ensuite le tirage à mesure qu'il
s'élève dans le tube, le combustible sera
trop rapidement consumé.

Correction. Comme il y a fréquemment une complication de causes dans
ces cas-là, il est assez difficile de pres-
crire les dimensions précises pour les
ouvertures de toute espèce de cheminées.
Nos ancêtres les faisaient en général
beaucoup trop grandes : nous les avons
diminuées, mais elles conservent cependant encore, ordinairement, des dimensions plus grandes qu'il n'est nécessaire.

Si l'on soupçonne qu'une cheminée

est fumeuse par l'effet d'une trop grande
dimension de son ouverture, on peut diminuer celle-ci en plaçant une planche
mobile de manière à la rétrécir et à
l'abaisser graduellement jusqu'à ce qu'on
soit arrivé au point que la fumée ne se
répande plus dans la chambre. On trouvera ainsi la juste proportion à laisser à
l'ouverture, et on la fera observer au
maçon. Cependant, comme dans la construction on est forcé de donner quelque
chose au hasard, on a proposé de faire les
ouvertures, dans les chambres inférieures,
d'environ trente pouces carrés et dix-
huit pouces de profondeur, et celles des
cheminées pour les étages supérieurs, seulement de dix-huit pouces carrés, et un
peu moins profondes que les autres; les
intermédiaires allant toujours en dimi-
nuant proportionnellement à la dimi-
nution en longueur des tubes de cheminées. Pour les plus grandes ouvertures,
on peut brûler commodément des bûches de deux pieds, c'est-à-dire de la
demi-longueur du bois de corde ordinaire, et pour les plus petites ouvertures, des bûches sciées en trois tronçons.
Quand le combustible consiste en charbon de terre, il est également néces-

saire de proportionner les grilles à la grandeur des ouvertures. La même profondeur de grilles à peu près, convient à toutes les ouvertures, parce que les tubes des cheminées doivent être tels qu'il puisse toujours y pénétrer un ramoneur. Si, dans les appartemens vastes et élégans, l'usage ou le caprice exigeait que l'ouverture de la cheminée eût une plus grande apparence, on pourrait la lui conserver en employant des décorations qui tromperaient l'œil. Mais le tems n'est peut-être pas éloigné où l'on jugera que les choses les plus commodes et les plus utiles, sont les plus élégantes et les plus belles.

III. Une autre cause des cheminées fumeuses, est *le trop peu de longueur du tube*. Cette disposition est malheureusement inévitable dans un grand nombre de cas, tels que pour les édifices très-bas; car si, pour obvier à l'inconvénient, on élève de beaucoup la cheminée au-dessus du toit, dans la vue d'augmenter le tirage, on court le danger de la voir tomber sous l'effort des vents et entraîner le toit dans sa chûte.

Corrections. Rétrécissez l'ouverture de la cheminée, de manière à contraindre l'air ambiant de passer sur le feu ou très-près de lui, ce qui procurera l'échauffement et la raréfaction de cet air; le tube lui-même en sera d'autant plus échauffé, et son contenu jouira à un plus haut degré de ce qu'on peut appeler la force de légèreté, qui lui donnera plus d'énergie ascensionelle, et occasionnera un plus fort tirage à l'ouverture.

Si cet édifice très-bas est employé comme cuisine, et que, par conséquent, le rétrécissement de l'ouverture de la cheminée soit incommode; s'il est indispensable d'en conserver une grande, ce qu'il y aurait peut-être de plus expédient serait de construire deux autres tubes touchant au premier, ce qui donnerait trois ouvertures modérées dont on serait le maître de se servir isolément ou tout à la fois, selon les besoins du service.

Le cas d'un tube trop court pour les cheminées, est beaucoup plus fréquent qu'on ne le croit communément, et il existe souvent là où on ne s'en douterait pas. Car il n'est pas rare, dans les édifices mal entendus, qu'au lieu d'avoir un tuyau distinct pour chaque foyer, on fasse dévoyer et tourner le tuyau d'une chambre haute pour qu'il entre par le côté d'un autre tuyau venant de l'étage inférieur. Il résulte de cette disposition vicieuse, que le tuyau de la chambre supérieure se trouve raccourci, puisque sa longueur ne peut être comptée qu'à partir de l'endroit où il entre dans le tuyau de l'étage inférieur ; et ce dernier tuyau est également raccourci lui-même de toute la distance entre l'entrée du second tuyau et le sommet de l'enveloppe commune des deux tuyaux : car toute cette partie étant facilement alimentée d'air par le second tuyau, n'ajoute plus rien à la force de tirage , spécialement parce que cet air est froid quand on ne fait pas de feu dans la seconde cheminée.

Le seul remède facile qu'il y ait dans ce cas particulier, c'est de tenir fermée l'ouverture du tube de la cheminée dans laquelle il n'est pas fait de feu.

IV. Une autre cause très-commune des cheminées fumeuses, c'est *qu'elles se contrarient entr'elles*. Par exemple, qu'il y ait deux cheminées dans un grand appartement, et que l'on fasse du feu en même tems dans l'une et dans l'autre, les portes et fenêtres étant bien closes,

on verra le feu le plus grand et le plus
considérable éteindre le plus faible, et
il attirera du tuyau appartenant à ce dernier feu, l'air nécessaire pour fournir à
sa propre alimentation; lequel air, descendant par le tuyau, entraînera la fumée
sur son passage, et en remplira l'appartement. Si, au lieu d'être dans la même
chambre, les deux feux sont placés l'un
dans une chambre, et l'autre dans une
autre, qui communiquent par une porte,
l'effet sera encore le même toutes les
fois qu'on ouvrira cette porte. Dans une
maison bien hermétiquement close, une
cheminée de cuisine, située dans l'étage
le plus intérieur, et qui reçoit un grand
feu, a l'effet bien connu de faire fumer
dans tous les autres appartemens de la
même maison, en attirant l'air et la fumée, chaque fois que la porte de com-
munication avec l'escalier est laissée
ouverte.

Correction. Il faut avoir attention que
chaque chambre ait les moyens d'ali-
menter d'air sa propre cheminée, par
un tirage de l'extérieur, en sorte qu'aucune d'elle n'ait besoin de celui d'une
autre chambre.

V. Une autre cause de la fumée dans

les appartemens, c'est *quand les sommets des cheminées se trouvent commandés par des édifices plus élevés, ou par une colline*, en sorte que le vent, soufflant par dessus ces éminences, tombe comme l'eau sur une vanne, quelquefois presque perpendiculairement sur le sommet des cheminées qu'il rencontre sur son passage, et rabat la fumée dont elles sont remplies.

Pour rendre ceci sensible, soit A (fig. 1) un petit édifice sur le flanc du grand rocher B, et le vent venant dans la direction C D; quand le courant d'air arrivera sur le point D, étant poussé en avant avec une grande vélocité, il le dépassera un peu; mais bientôt il descendra, et par degrés, il se trouvera réfléchi de plus en plus en dedans, comme cela est représenté par les lignes ponctuées E E, etc.; en sorte que, descendant sur le sommet de la cheminée A, la fumée se rabattra dans l'appartement.

Il est évident que les maisons situées dans le voisinage de collines élevées ou de bois épais, seront, jusqu'à un certain point, exposées au même inconvénient; mais il est également clair qu'une

maison placée sur le déclin de la colline, (comme en F, fig. 2) ne courra
aucun danger d'être fumeuse, quand le
vent soufflera vers le côté de la montagne sur lequel la maison sera située;
parce que le courant d'air, passant sur
le toit de la maison dans la direction G
H, est immédiatement changé par le
déclin de la montagne, et ramené dans
la direction H C; ce qui entraîne puis-
samment la fumée vers le haut, à partir
du sommet de la cheminée. Mais il est
également évident, qu'une maison ainsi
située, sera sujette à la fumée, quand le
vent soufflera à partir de la montagne;
parce que le courant d'air se dirigeant
par bas, dans la direction C H, se rabattra sur la cheminée F, et empêchera
la fumée de s'élever librement. Cet effet
sera beaucoup augmenté si les portes et
les fenêtres sont principalement placées
sur le côté le plus bas de la maison.

Correction. Celle que l'on applique
le plus ordinairement dans ce cas, consiste en une girouette de fer-blanc ou de
tôle, qui couvre le dessus de la cheminée, et qui la ferme de trois côtés, ne
laissant qu'un côté d'ouvert, et qui est
susceptible de tourner sur un pivot;

cette girouette, constamment soumise à
l'action d'une vanne qui la gouverne et
la dirige, présente toujours sa partie
postérieure au courant d'air. Ce moyen
peut être très-souvent efficace, mais il
ne l'est pas toujours; dans certains cas
particuliers, il n'aurait pas de succès.
On pourrait compter davantage sur une
augmentation de hauteur à donner aux
tuyaux des cheminées, quand la chose
est praticable, en sorte que leurs sommets soient plus élevés, ou au moins
égaux en hauteur à l'éminence du ter-
rain. Mais, comme l'emploi de la girouette est plus facile et moins cher, il
sera toujours bon d'en faire l'essai d'a-
bord. Forcé de bâtir une maison dans
une telle situation, il serait prudent d'en
placer les portes sur le côté de la montagne, et le derrière des cheminées sur
le côté le plus éloigné; car, dans ce cas,
la colonne d'air tombant sur l'éminence,
et, par conséquent, pressant sur celle
qui est au-dessous, et la forçant d'entrer
par les portes ou les *vasistas* de ce côté,
tendrait à faire équilibre à la pression
qui existe dans les cheminées, et laisse-
rait les tuyaux plus libres dans leur
jeu.

VI. Il y a encore une autre cause des cheminées fumeuses , qui est absolument l'opposé de celle que nous venons de dire : c'est quand la hauteur qui commande est plus éloignée du vent que la cheminée commandée. Pour expliquer ceci , il peut être besoin d'une figure. Supposons un édifice dont le côté A B se trouve exposé au vent , et forme comme une espèce de vanne opposée à son progrès. Supposons que le vent souffle dans la direction F E , l'air est empêché par cette vanne ou édifice A B , et , semblable à l'eau , il presse et cherche à se faire un passage ; n'en trouvant aucun , il est rabattu avec violence , et se répand de tous côtés , comme on l'a représensé *fig.* 2 , par les lignes courbes *e*, *e*, *e*, *e*, *e*. Il forcera par conséquent son passage en descendant par la petite cheminée C , afin de s'échapper à travers quelque porte ou quelque fenêtre ouverte sur l'autre côté de l'édifice. Or , s'il y a du feu dans une telle cheminée , sa fumée ne peut manquer de se rabattre et de remplir l'appartement,

Correction. Il n'y en a qu'une dans ce cas-ci : c'est d'élever ce tuyau plus haut que le toit, en le soutenant, s'il le faut, avec des barres de fer. Ici une girouette ne serait d'aucune utilité, l'air emprisonné presserait contre elle quelle que fût la position dans laquelle le vent eût placé son ouverture.

VII. Des cheminées qui d'ailleurs ont un excellent tirage, sont quelquefois rendues fumeuses par l'effet de *la situation peu convenable d'une porte*. Quand la porte et la cheminée sont du même côté de la chambre, si la porte placée dans l'encoignure, s'ouvre contre la muraille, ce qui est très-commun, parce que lorsqu'elle est ouverte, elle gêne moins le passage, il s'en suit que lorsque cette porte n'est ouverte qu'en partie, il y passe un courant d'air pressé qui s'étend le long du mur et vient en travers de l'ouverture de la cheminée, et fait papilloter une partie de la fumée dans l'appartement. Cela arrive plus certainement encore au moment où l'on ferme la porte; car, alors, la force du courant se trouve augmentée, et c'est un grand désagrément pour ceux qui se chauffant auprès du feu, reçoivent la première bouffée de fumée.

Corrections. Elles sont faciles autant

qu'évidentes. On place un écran partant de la muraille et entourant une
grande partie de l'ouverture du foyer ;
ou, ce qui vaut peut-être mieux, chan-
gez les gonds de votre porte, et faites-
là ouvrir sur le côté opposé ; alors,
quand on l'ouvrira, elle portera l'air le
long de l'autre pan de mur.

VIII. Une chambre dont le foyer est
sans feu, peut quelquefois se trouver
remplie de *fumée, qui arrive au haut du
tuyau de sa cheminée, d'où elle descend
dans la chambre.* Les tuyaux des cheminées où l'on ne fait pas de feu, agissent
sur l'air qui s'y trouve contenu, selon
leur degré de froideur ou de chaleur.
L'atmosphère environnante change souvent de température ; mais les masses
de tuyaux réunis garantis des vents et
du soleil par la maison qui les contient,
conservent une température plus égale.
Si, après une saison chaude, l'air extérieur se refroidit subitement, les
tuyaux vides et chauds commencent à
tirer fortement par le haut : c'est-à-dire
qu'il raréfient l'air qui y est contenu,
et qui, par conséquent, s'élève, tandis
que d'autre air plus froid entre par dessous pour occuper la place du premier

à son tour, où il est raréfié et s'élève; et cet effet dure jusqu'à ce que le tuyau soit refroidi, ou que l'air extérieur soit plus chaud, et alors le mouvement cesse. Au contraire, si après une saison froide, l'air extérieur s'échauffe subitement, et par conséquent devient plus léger, l'air contenu dans les tuyaux froids et qui est plus pesant, descend dans la chambre; et l'air plus chaud qui entre par leurs sommets se trouvant refroidi à son tour, et rendu plus lourd, continue à descendre; et cela dure jusqu'à ce que les tuyaux soient échauffés par le passage de l'air chaud, ou que l'air ambiant lui-même se refroidisse. Quand la température de l'air et des tuyaux est à peu près égale, la différence de chaleur dans l'air de la nuit au jour, est suffisante pour donner lieu à ces courans: l'air commencera à s'élever dans les tuyaux quand la fraîcheur du soir se fera sentir, et ce courant continuera peut-être jusqu'à neuf ou dix heures dans la matinée du jour suivant; alors il commencera à y avoir de la fluctuation; et comme la chaleur du jour approche, le courant se dirigera vers le bas, et continuera jusque vers le soir;

alors il y aura fluctuation pendant quelque tems, et puis, le courant se dirigera constamment vers le haut pendant la nuit, comme on l'a dit ci-devant. Or, quand la fumée qui sort des tuyaux voisins passe sur le sommet des tuyaux qui, dans ce moment, tirent par le bas, ce qui a fréquemment lieu vers le milieu du jour, cette fumée doit de toute nécessité, être entraînée dans ces tuyaux et descendre avec l'air dans la chambre.

Correction. Le remède à cela, c'est d'avoir une plaque de régistre qui ferme exactement le tuyau incommode.

IX. Des cheminées qui habituellement tirent bien, sont cependant quelquefois fumeuses, *parce que la fumée est chassée vers le bas par des vents violens qui passent sur le sommet des cheminées*, quoiqu'ils ne viennent pas d'aucune éminence voisine. Ce cas est le plus fréquent lorsque le tuyau est court, et que l'ouverture de la cheminée, dans l'appartement, est tournée dans le sens par où le vent souffle. L'effet est d'autant plus désagréable quand c'est par un vent froid qu'il a lieu, car c'est alors au moment où l'on a le plus besoin de feu, qu'on se voit forcé de l'éteindre. Pour bien entendre ce qui se passe ici, on peut considérer que l'air léger qui s'élève, pour s'échapper librement par le tuyau, doit pousser sur son passage, ou obliger la fumée qui est au-dessus à s'élever. Dans un tems calme, ou lorsqu'il fait peu de vent, cet effet est visible; car nous apercevons la fumée, qui est portée par cet air, s'élever en une colonne au-dessus de la cheminée : mais quand il y a un fort courant d'air, c'est-à-dire un vent violent qui passe sur le sommet de la cheminée, ses particules ont acquis tant de force, qui les tient dans une direction horizontale, et elles se suivent les unes les autres si rapidement, que l'air léger qui s'élève n'a pas assez de force pour les obliger à quitter cette direction, et à se mouvoir vers le haut pour permettre son issue.

Correction. A Venise, on croit obvier à cet inconvénient, en ouvrant ou élargissant l'orifice du tuyau de la cheminée dans la vraie forme d'un entonnoir. Ailleurs, on fait tout le contraire, les sommets des tuyaux sont rétrécis dans l'intérieur de manière à ne laisser qu'une fente pour l'issue de la fumée, longue comme la largeur du tuyau, et de quatre pouces seulement de largeur. Il semble que ceci ait été imaginé dans la supposition que l'entrée du vent pouvait être de cette manière empêchée, et peut-être aussi a-t-on cru que toute la force de l'air chaud qui s'élève, étant en quelque sorte condensée dans ce passage étroit, deviendrait plus efficace pour surmonter la résistance du vent. Ce moyen, au surplus, ne réussit pas toujours. Peut-être faudrait-il que la situation de cette fente ou passage pût varier pour la disposer toujours perpendiculairement à la direction du vent. On pourrait aussi essayer, dans ce cas, d'une girouette.

DE DIVERS APPAREILS FUMIFUGES PROPOSÉS POUR CORRIGER LES VICES DES CHEMINÉES, OU S'OPPOSER A DES COURANS D'AIR TEMPESTUEUX.

Appareil proposé par M. Piault. Cet appareil a eu souvent un grand succès. Il a pour objet d'empêcher le vent de s'introduire dans le tuyau de la cheminée, et de garantir une partie de l'intérieur du tuyau de l'action des rayons solaires.

Il consiste en un diaphragme *a* (fig. 3) qui divise transversalement le tuyau de la cheminée. Cette cloison pénètre d'environ un pied dans l'intérieur du tuyau, et s'élève au-dessus également d'un pied.

Il y a deux portions de murs *b b*, dont chacune s'élève des faces longitudinales de la cheminée ; elles viennent s'unir à angle droit, mais chacune en sens contraire, aux extrémités de la cloison transversale ; en sorte que ces portions de mur, unies au diaphragme et de la même hauteur que lui, présentent pour la forme un Z.

Les ouvertures de la cheminée sont indiquées par les lettres *c c*.

Des T fumifuges. On peut, jusqu'à un certain point, se garantir des effets de certains vents violens qui font refouler la fumée dans les appartemens, ainsi que de la pluie, etc., par des tuyaux (*fig.* 4), dont la forme est celle d'un T, et qui présentent des ouvertures *a b c*, destinées à l'évacuation de la fumée.

Des gueules-de-loup à girouette (Voyez *fig.* 5). C'est un tuyau rond de tôle *a b c d*, fixé sur le sommet du tuyau de la cheminée ; cela offre une issue pour la fumée.

Il y a deux traverses en fer *e* et *f*, auxquelles une tige verticale *h h* est solidement fixée.

Plus, un autre tuyau d'un diamètre plus grand, *i k l m*, muni également de deux traverses *g g* ; celle inférieure est percée d'un trou pour laisser passer librement la tige verticale *h h* ; celle supérieure a une crapaudine pour recevoir l'extrémité supérieure de la tige *h h*, qui est taillée en pivot afin de permettre à tout le tuyau *i k l m* de tourner librement.

La partie *o* du tuyau *i k l m* a été enlevée, et présente une ouverture pour l'issue de la fumée.

La partie supérieure *l m* est recouverte, et est surmontée d'une plaque de tôle verticale *v x*, partant du centre et dirigée du côté de l'ouverture *o*.

Lorsque le vent vient frapper la plaque *v x*, elle tourne comme une girouette et entraîne dans son mouvement tout le tuyau *i k l m* ; de sorte que l'ouverture du tuyau se trouve constamment dirigée du côté opposé à celui d'où vient le vent ; il en résulte que nou–seulement le vent ne peut empêcher la fumée de sortir, mais même qu'il en facilite le dégagement.

Quelquefois on donne à cet appareil la forme indiquée (*fig.* 6) ; ce sont alors deux tuyaux coudés *a* et *b*, dont la disposition intérieure est la même que celle de la figure précédente.

Cet appareil a encore été modifié. On a cherché à rendre le vent favorable au courant ascendant de la fumée, et de plusieurs manières on y est parvenu.

La première manière est d'ajouter à l'appareil un entonnoir *f g* (*figure* 7), dans lequel le vent, en s'introduisant par l'ouverture *g*, sort par l'extrémité de tube *f*, et établit un courant dans le tube *a b*, s'il n'existe pas déjà : ou ajoute à sa vitesse si déjà il existe.

La seconde manière consiste à placer dans l'intérieur du cylindre *b c* une hélice en tôle, en fer ou en cuivre, *a b c* (*fig.* 8), montée sur un axe *a i*, dont l'extrémité est armée d'un moulinet également en métal, et dont les ailes ressemblent à celle d'un moulin à vent. Le moulin, une fois mis en mouvement par la force du vent, fait tourner l'axe sur lequel est fixée l'hélice, et il s'établit ainsi un courant d'air dans le tuyau $b\,c$, qui favorise l'ascension de la fumée. Il est évident que, pour cet effet et pour ne pas contrarier cette ascension, l'hélice doit tourner dans le sens convenable.

Feu Désarnod, poêlier et caminologiste très-instruit, avait conçu, peu de tems avant sa mort, un système universel d'appareils fumifuges ; c'est-à-dire une combinaison de cinq appareils qui, d'après lui, devaient, l'un ou l'autre, selon les circonstances et les localités, empêcher toute espèce de cheminée d'être fumeuse dans aucun cas. Nous sommes assez disposé à croire qu'il se mêlait aux raisonnemens que faisait là-dessus Désarnod, un peu d'enthousiasme d'auteur, et que nul appareil quelconque n'est susceptible de remplir toutes les indications promises. Néanmoins, nous ne doutons pas que si Désarnod, avec ses talens aidés de la réputation qu'il s'était acquise, eût vécu quelques années de plus, le brevet qu'il a pris en 1817, pour ces appareils fumifuges, ne serait pas demeuré stérile. Ces appareils sont restés déposés dans un grenier : nous les y avons vus et dessinés. Nous en donnons ici les figures.

La fig. 9 est **un T** ou tuyau vertical, surmonté d'une portion de tuyau carrée et cintrée, dont les deux extrémités sont courbées; la fumée doit s'en dégager.

La fig. 10 est un globe, percé sur toute sa surface de sept orifices, sur lesquels sont ajustés de petits cônes surmontés chacun d'une calotte assez éloignée de l'ouverture pour donner issue à la fumée.

La fig. 11 est une lanterne divisée intérieurement en seize parties égales, dont huit forment alternativement des ouvertures. Elle est entourée d'une zone pleine à une distance convenable pour garantir ces mêmes ouvertures des effets du vent, et de manière à ne laisser échapper la fumée que par-dessous ou en dessus, selon la direction du vent.

La fig. 12 est un triangle fumifuge.

La fig. 13 est une bascule qui a la propriété de se fermer du côté d'où vient le vent, et, par ce moyen, de laisser échapper la fumée du côté opposé.

La fig. 14 est une mitre commune à tous ces cinq appareils, qui peuvent s'emboîter dessus. Elle-même se place sur le sommet de la cheminée.

Selon l'inventeur breveté, il ne s'agissait que d'essayer successivement chacun de ces cinq appareils sur une cheminée fumeuse, pour savoir auquel il convenait de s'arrêter. Pour éviter des dépenses inutiles, il conseillait, avant de faire l'achat de l'appareil en tôle ou fer-blanc, d'en essayer un en carton.

~~~~~~

DEUXIÈME PARTIE.

ANALYSE MÉTHODIQUE ET RAISONNÉE DES TRAVAUX DU COMTE DE RUMFORD SUR LES CHEMINÉES A FEUX OUVERTS, SUIVIE D'OBSERVATIONS PARTICULIÈRES.

———

LE physicien de Munich est jusqu'à présent resté le premier des législateurs en fait d'application des théories physiques et chimiques à la construction des appareils dont nous nous occupons.

Nous allons avoir, dans le Traité sur la construction des poêles, l'occasion de rapporter bien des projets de construction plus ou moins ingénieux simplement offerts, ou exécutés par nombre de physiciens et d'artistes, postérieurement aux travaux
~~~~~~

du comte de Rumford. Qu'on les examine attentivement, et dans tous l'on reconnaîtra la trace plus ou moins visible de ses recherches sur les mêmes objets.

Nous croyons donc ne pouvoir mieux faire, pour fixer tous les principes admis aujourd'hui en caminologie, que d'exposer d'abord avec rapidité, mais sans cependant omettre aucun détail essentiel, les doctrines de l'habile et laborieux investigateur.

M. de Rumford observe qu'encore bien que l'usage des cheminées soit très-ancien, elles sont encore si loin de la perfection, qu'à peine trouverait-on une maison moderne, principalement parmi celles de la construction la plus élégante, où il n'y ait aumoins un appartement sujet aux inconvéniens de la fumée, quand on veut y faire un feu ouvert. Un grand nombre de maisons sont tellement affligées de cet insupportable fléau, qu'elles cessent totalement d'être habitables pendant les mois d'hiver, sans parler de bien d'autres graves inconvéniens qui accompagnent ce vice de construction, et auxquels on ne fait pas toujours une attention suffisante.

Le comte de Rumford s'est tout à la

fois attaché à garantir les appartemens
de la fumée et à l'économie du combustible qui sert à les chauffer.

Pour quiconque n'est pas resté étran-
ger à la connaissance de la nature et des
propriétés des fluides élastiques, il doit
paraître évident que tout le mystère de
l'amendement des cheminées consiste à
découvrir et à écarter les causes acci-
dentelles qui s'opposent à ce que la fumée échauffée ne soit forcée de s'élever
dans le tube de la cheminée par l'effet
de la pression de l'air plus froid, et par
conséquent plus dense contenu dans
l'appartement. Et encore bien que ces
causes puissent être très-diverses, dit
Rumford, celle qu'on trouvera le plus
communément efficiente, est la mau-
vaise construction de la cheminée, *au
voisinage du foyer*. Le grand défaut de
tous les foyers ouverts dans lesquels
on brûle, soit du bois ou de la houille,
dans le mode actuel de leur construction, c'est leur trop grande largeur, ou
plutôt *c'est la gorge de la cheminée*,
c'est-à-dire la partie basse de son canal
ouvert dans le voisinage du manteau,
et immédiatement au-dessus du foyer
qui est ordinairement trop grande.

C'est donc vers ce défaut qu'il faut d'abord diriger toute son attention, dans tous les essais qu'on pourra tenter pour l'amélioration des cheminées. Car, quelque parfait que puisse être d'ailleurs un foyer, si l'ouverture ménagée pour le passage de la fumée est plus grande qu'il n'est nécessaire pour cette indication, rien ne pourra empêcher l'air chaud de l'appartement de s'échapper par cette issue; et chaque fois que cela aura lieu, non-seulement il y aura inutilement déperdition de chaleur, mais l'air échauffé qui s'échappera de la chambre en s'élevant dans la cheminée, se trouvant remplacé par de l'air froid venant du dehors, il ne pourra manquer de s'établir des courans d'air froid dans l'appartement, à la grande incommodité de ceux qui l'habiteront. Néanmoins cet inconvénient, auquel il est facile de porter remède en retrécissant la gorge de la cheminée ne doit pas être écarté sans qu'on prenne quelques précautions très-nécessaires pour éviter d'autres inconvéniens tout autant à redouter que le premier. La première de ces précautions consiste à tenir la gorge de la cheminée dans la situa-

tion qui lui convient, c'est-à-dire dans
la situation où il faut qu'elle soit pour que
l'ascension de la fumée puisse se faire le
plus facilement possible : or, comme la
fumée et la vapeur chaude qui s'élève
du foyer tendent naturellement à la perpendiculaire, la situation la plus convenable pour la gorge de la cheminée
doit évidemment être dans une perpendiculaire à ce foyer.

Mais il y a encore une autre circonstance à laquelle il ne faut pas avoir
moins d'attention pour la détermination
de la situation propre à la gorge d'une
cheminée, c'est la nécessité de s'assurer de la distance à la quelle elle doit
être du foyer, ou de combien elle doit
être éloignée du combustible qui brûle.
Pour déterminer ce point, il y a plusieurs choses à considérer, et il faut ici
peser et balancer plusieurs avantages
et désavantages.

Comme la fumée et la vapeur qui s'é-
lèvent d'un combustible qui brûle, ne
cèdent à cet effet ascensionel qu'en
vertu de la raréfaction qu'elles éprou-
vent par la chaleur, et parce qu'elles
sont devenues plus légères que l'air de
l'atmosphère qui les environne; et comme le degré de cette raréfaction, et

par conséquent cette tendance à s'élever est toujours proportionnel à l'intensité de la chaleur; comme en outre elles sont plus échauffées dans le voisinage du feu qu'à une plus grande distance, il est clair que, plus la gorge de la cheminée sera rapprochée du foyer, et plus fort sera ce qu'on appelle le *tirage*, et par conséquent moins il y aura de danger que la cheminée fume. Mais, d'un autre côté, quand le tirage d'une cheminée est très-fort, et spécialement quand ce fort tirage a pour cause la proximité de la gorge de cheminée relativement au foyer, il peut arriver que le courant d'air qui passe par ce foyer devienne si rapide que le combustible soit consumé trop vite. Il y a encore divers autres inconvéniens qui résulteraient du placement de la gorge d'une cheminée très-près du combustible enflammé.

La position de la gorge d'une cheminée étant une fois déterminée, les autres points dont il convient de s'assurer, sont relatifs à sa forme et à son étendue, ainsi qu'au rapport qu'elle doit avoir avec le foyer en dessous et avec le canal de la partie supérieure. Mais comme toutes ces recherches sont intimement liées à celles relatives à la forme qui convient au foyer lui-même, nous devons considérer tout à la fois ces divers sujets.

En effet, un feu de cheminée n'ayant d'autre objet que l'échauffement d'un appartement, il est nécessaire, avant tout, de combiner les choses de manière que cet appartement soit effectivement échauffé: secondement, il faut qu'il le soit avec la moindre consommation de combustible possible; et troisièmement, il faut que, malgré cet échauffement, l'air de l'appartement se conserve dans toute sa pureté, et reste propre à la respiration, et exempt de toute fumée et de toute espèce d'odeur désagréable.

Pour déterminer de quelle manière une chambre s'échauffe au moyen d'un feu ouvert de cheminée, il sera nécessaire, avant tout, de chercher *sous quelle forme* la chaleur produite par la combustion de la matière existe, et l'on verra ensuite comment elle se communique aux corps qu'elle échauffe.

A l'égard de la première de ces recherches, il est certainement prouvé que la chaleur produite dans l'acte de la combustion existe sous *deux* états parfaitement distincts et sous des formes très-différentes. Une partie de cette chaleur est *combinée* avec la fumée, avec la vapeur, et avec l'air échauffé qui s'élèvent du combustible qui brûle, et elle s'échappe avec eux dans la région haute de l'atmosphère; tandis qu'une autre partie, qui semble *n'être pas combinée*, ou, comme l'ont supposé quelques physiciens ingénieux, semble n'être combinée qu'avec la lumière, ce qui lui a fait donner le nom de *chaleur rayonnante*, est envoyée du foyer sous forme de rayons qui s'échappent dans toutes les directions.

Quant au second objet de nos recherches, savoir comment cette chaleur, existant sous ces deux différentes formes, se communique à d'autres corps, il est extrêmement probable que la chaleur combinée peut être communiquée à ces corps uniquement par le *contact immédiat et actuel*; et à l'égard des rayons qui sont envoyés par le combustible qui brûle, il est certain qu'ils communiquent ou *génèrent* la chaleur, seulement *quand* et *où* ils sont arrêtés et se trouvent absorbés. En traversant l'air, qui est transparent, il est très-certain

qu'ils ne lui communiquent pas de chaleur; et il semble très-probable qu'ils
n'en communiquent pas davantage,
aux corps solides qui les réfléchissent.

Comme c'est la chaleur rayonnante
qui seule peut être employée pour échauf-
fer une chambre, quand on fait brûler
dans cette intention, du combustible
dans un foyer ouvert de cheminée, il
devient d'une bien grande importance
de déterminer comment on peut en produire la plus grande quantité possible
dans la combustion des matières, et
comment la plus grande proportion possible de celle qui est *générée* peut être
amenée dans l'appartement.

La quantité de chaleur rayonnante,
générée par la combustion d'une quantité donnée, d'une espèce quelconque de
combustible, dépend beaucoup de la
conduite du feu, c'est-à-dire de la manière dont on fait consommer le combustible. Quand on fait un feu clair, il
s'en échappe de la chaleur rayonnante;
mais quand on l'*étouffe*, il n'y en a que
très-peu de générée, et vraiment dans
ce cas, il n'y a guère non plus de chaleur combinée qui puisse être employée
utilement: la plus grande partie de la

chaleur produite, est immédiatement
dépensée pour communiquer de l'élasticité à la vapeur dense, épaisse, ou fumée que l'on voit s'élever du feu ; et
la combustion n'étant que très-incom-
plète, une grande partie de la matière
inflammable du combustible, simplement raréfiée et chassée dans le haut de
la cheminée sans être enflammée, le
combustible est employé avec peu de
profit. On voit par-là de quelle importance il est, soit qu'on ait en vue l'économie, la propreté, l'élégance ou la
commodité, d'avoir un juste égard à la
conduite d'un feu de cheminée.

Rien n'est plus contraire au sens
commun, et tout à la fois mal propre
et peu économique, que la manière dont,
en général, les domestiques arrangent les
feux des cheminées, principalement
quand c'est de la houille qu'on y brûle.
Ils y jettent une somme de combustible
à la fois, et à travers cette masse, la
flamme est des heures entières à se faire
jour ; ce n'est souvent qu'à grande peine
qu'on peut empêcher le feu de s'éteindre
tout-à-fait. Pendant tout ce tems, aucune
chaleur n'est communiquée à la cham-

bre, et ce qu'il y a de pis encore, la gorge de la cheminée n'étant occupée que par une vapeur pesante et dense, qui ne jouit presque d'aucune chaleur, et qui, par conséquent, n'a guère d'élasticité, l'air chaud de la chambre a moins de peine à se faire un passage vers le haut de la cheminée et à s'échapper, que lorsque le feu est clair. Aussi arrive-t-il assez fréquemment, spécialement dans les cheminées et dans les foyers mal construits, que ce courant d'air chaud, qui passe de la chambre dans la cheminée, traversant le courant de fumée lourde qui s'élève lentement du feu, met un obstacle à son ascension, et se refoule dans la chambre; voilà la raison pour laquelle les cheminées fument si souvent, quand on jette sur le foyer une trop grande quantité de nouvelle houille: on ne doit jamais y mettre à la fois assez de charbon pour obstruer le libre passage de la flamme à travers ce charbon. En un mot, il faut qu'un feu ne soit jamais étouffé. Si l'on observe avec attention les précautions à cet égard, il ne sera guère jamais besoin de faire usage de fourgon; et cette circonstance est d'importance pour la propreté de l'appartement et la conservtaion de l'ameublement.

Maintenant que nous avons vu ce qui favorise la *génération* de la chaleur rayonnante en plus grande quantité, il nous reste à déterminer comment la majeure partie de celle qui est générée, et qui s'échappe du feu dans toutes les directions, peut être dirigée utilement dans la chambre et contribuer à son échauffement.

On ne peut y parvenir, qu'en faisant d'abord que le plus grand nombre possible de rayons calorifiques, à mesure qu'ils sont envoyés en lignes droites par le feu, tombent *directement* dans l'appartement ; et cela ne peut être effectué qu'en amenant le feu autant en avant que possible, et en laissant l'ouverture du foyer aussi large et aussi haute qu'on puisse le faire sans inconvénient. Secondement, il faut donner à la porte postérieure et aux côtés du foyer, une forme telle, et les construire avec de tels matériaux, que les rayons directs lancés par le feu, qui viennent frapper contre ces parties, soient renvoyés dans la chambre par réflexion, et le plus abondamment possible.

On trouvera, à l'examen de cette question, que celle de toutes les formes qui convient le mieux aux côtés verticaux du foyer, est un plan vertical, faisant avec le plan du contre-cœur, ou partie postérieure du foyer, un angle d'environ 135 degrés ; tandis que, dans le mode de construction généralement adopté par les architectes, l'ouverture de cet angle n'est que de 90 degrés ; très-rarement au-dessus de 100 ou 110. On voit donc combien ces parties sont ordinairement mal disposées pour renvoyer dans la chambre, par réflexion, le plus grand nombre possible de rayons calorifiques.

A l'égard des matériaux qu'il convient d'employer à la construction des foyers, particulièrement pour le fond et les côtés, il est évident qu'il faut préférer ceux qui *absorbent le moins*, et, par conséquent, *réfléchissent le plus* le calorique. Voilà pourquoi le fer, et en général tous les métaux, sont les substances qui conviennent le moins pour cet objet ; au lieu que la pierre réfractaire blanchie, ou à son défaut, la brique commune . et le mortier, recouverts d'une légère couche de plâtre, ou blanchis à la chaux, sont excellens. Quels que soient les matériaux dont une cheminée est construite, l'intérieur devrait toujours être recouvert d'une couche blanche, et on devrait soigneusement éviter la couleur noire, dont on fait, mal à propos, un si grand usage ; car c'est celle qui produit le moins de rayonnement du calorique. La grille des foyers ne peut cependant guère être d'aucune autre substance que le fer, mais c'est un grand abus que tout cet appareil en fer dont ordinairement on entoure les foyers, principalement pour la combustion de la houille.

Il ne nous suffit pas d'avoir signalé les vices les plus ordinaires dans la construction des cheminées, nous devons indiquer les moyens de les corriger.

Pour être entendu du lecteur, il est bon de prévenir que nous appelons *gorge* de la cheminée, l'extrémité inférieure du canal qui se confond avec la partie supérieure du foyer. Il faut ordinairement chercher cette gorge à environ un pied au-dessus du niveau du manteau ;

quelquefois elle est plus rétrécie que le reste du canal, et quelquefois ce rétrécissement n'a pas lieu.

La fig. 15 montre la section d'une cheminée de construction ordinaire; la gorge est en *d e*.

La fig. 16 montre la section de la même cheminée modifiée et corrigée; la gorge rétrécie est en *d i*.

La *poitrine* d'une cheminée est cette partie située immédiatement derrière le manteau. C'est le mur qui forme l'entrée à partir du bas, et se dirigeant dans la gorge de la cheminée en front, c'est-à-dire, faisant face à l'appartement. Il est opposé à l'extrémité supérieure du fond du foyer, et lui est parallèle: en un mot, on peut dire que c'est le derrière même du manteau. Sur les fig. 15 et 16 il est indiqué par la lettre *d*. La largeur de la gorge de la cheminée (*d e* fig. 15 et *d i* fig. 16) est prise à partir de la poitrine de la cheminée jusqu'au fond, et sa longueur est prise à angles droits avec la largeur, c'est-à-dire, sur une ligne parallèle au manteau (*a* fig. 15 et 16).

L'avancement du feu dans la chambre, ou plutôt son rapprochement du front de l'ouverture du foyer, et le rétrécissement de la gorge de la cheminée, constituent deux objets que l'on doit principalement avoir en vue dans la modification des foyers, proposée par le comte de Rumford. Il est évident qu'on peut obtenir l'un et l'autre tout simplement par l'avancement du fond de la cheminée. Toute la question se réduit donc à connaître la mesure de cet avancement. La solution est facile, et peut être promptement obtenue : avancez le fond de la cheminée le plus possible, sans pourtant diminuer trop le passage qui doit être laissé à la cheminée. Or, puisque ce passage (que, dans sa partie la plus étroite, le comte de Rumford appelle la *gorge de la cheminée*) doit, par des raisons qui déjà ont été exposées, être immédiatement ou perpendiculairement au-dessus du feu, il est évident que le fond de la cheminée doit toujours être construit parfaitement droit. Pour pouvoir déterminer, par conséquent, la place du nouveau fond, ou de combien précisément il doit être avancé, il n'est besoin que de s'assurer quelle largeur il faut conserver à la gorge de la cheminée, ou quel espace il faut laisser entre le haut de la poitrine où le canal droit

de la cheminée commence, et le nouveau
fond du foyer amené perpendiculairement jusqu'à cette hauteur.

De nombreuses expériences ont con-
vaincu le comte de Rumford que, tout
bien considéré, et les avantages dûment
balancés avec les désavantages, *une
largeur de quatre pouces* est celle qui
convient le mieux à une gorge de cheminée, soit que le foyer soit destiné à
brûler du bois, de la houille, de la
tourbe ou tout autre combustible. Dans
de très-grands appartemens, où l'on fait
un grand feu, il peut cependant, quoique rarement, être nécessaire d'augmenter cette largeur, et de la porter à
quatre pouces et demi ou même cinq
pouces.

Ce que l'on doit considérer ensuite,
c'est la largeur qu'il convient de donner
au fond de la cheminée; et, dans le plus
grand nombre des cas, elle doit être *du
tiers* de la largeur de l'ouverture du
foyer en front. A la vérité, il n'est pas
absolument nécessaire de se conformer
rigoureusement à cette disposition, et
cela n'est pas d'ailleurs toujours possible; mais on devrait toujours s'en rap-
procher autant que les circonstances

pourraient le permettre. Quand une cheminée, dit le comte, est destinée à
chauffer une chambre de moyenne grandeur, et quand l'épaisseur du mur de
front de la cheminée, mesurée du front
du manteau à la poitrine de la cheminée, est de neuf pouces, je voudrais
donner quatre pouces de plus pour la
largeur de la gorge de la cheminée ; ce
qui, en supposant le fond de la cheminée monté droit, comme il devrait toujours l'être, ferait treize pouces pour la
profondeur du foyer, mesurée sur l'âtre,
depuis l'ouverture sur le devant jusqu'au
fond. Dans ce cas, treize pouces seraient
une bonne dimension pour la largeur
du fond ; et trois fois treize pouces, ou
trente-neuf pouces, pour la largeur de
l'ouverture du foyer en front : l'angle
formé par le fond du foyer et les côtés,
serait alors juste de 135 degrés, ce qui
donne la disposition la plus propre à renvoyer la chaleur dans l'appartement. Il
n'est pas toujours possible d'obtenir
cette disposition quand on ne fait que
modifier des cheminées déjà construites ; mais il ne peut y avoir beaucoup
d'inconvénient à s'en écarter de plus de
deux ou trois degrés ; et les points les

plus importans de la modification des foyers, d'après les principes que nous exposons, sont incontestablement l'avancement du fond jusqu'à la place qui lui convient, et la largeur requise.

Il faut penser cependant à laisser un passage pour le ramonage des cheminées ; et l'on peut facilement y pourvoir de la manière suivante : en reconstruisant le nouveau fond du foyer, quand ce mur (qui n'a jamais besoin d'avoir plus d'épaisseur que la largeur d'une simple brique) est élevé jusqu'à ce qu'il ne reste plus qu'environ dix ou onze pouces entre ce qui en fait alors le sommet et l'intérieur du manteau, on doit commencer une ouverture ou passage de onze ou douze pouces de large dans le milieu du fond, et la continuer jusqu'à son sommet ; ce qui, selon la hauteur à laquelle il sera nécessaire, dans la plupart des cas, de monter ce fond, donnera une ouverture très-suffisante pour le passage du ramoneur. Quand le foyer est achevé, cette espèce de porte doit être bouchée par une tuile ou un morceau de pierre de dimension, placée sans mortier, et au moyen d'une entaille pratiquée dans la maçonnerie ; cette pièce, maintenue en place de manière qu'on puisse l'enlever à volonté, permettra sans inconvénient le ramonage toutes les fois qu'il sera jugé nécessaire. Le lecteur pourra se faire une juste idée de ce moyen en jetant les yeux sur la fig. 16 qui représente la section d'une cheminée après les modifications que l'on a fait éprouver à la fig. 15. Dans cette cheminée modifiée, *k l* est le nouveau fond du foyer; *l i* la tuile ou la pierre qui ferme la porte de passage pour le ramoneur; *d i* la gorge de la cheminée rétrécie jusqu'à quatre pouces; *a* le manteau, et *h* la pierre placée sous le manteau, que l'on suppose avoir été trop élevé primitivement, afin de diminuer la hauteur de l'ouverture du foyer en front.

On a déjà observé ci-devant, que le nouveau fond, que l'on sera toujours dans la nécessité de construire, afin de ramener le feu assez en avant, quand il faudra modifier une cheminée construite sur les principes ordinaire, n'a pas besoin d'avoir plus d'épaisseur qu'une brique commune n'a de largeur. On doit en dire autant de l'épaisseur nécessaire pour les nouveaux côtés ou joues de la cheminée. Si ce nouveau

fond et ces joues étaient bâtis en pierre,
il suffirait, même dans ce cas, d'un pouce
trois-quarts ou deux pouces d'épaisseur.
On doit avoir attention, en construisant
ces nouveaux murs, de lier le fond et
les joues d'une manière solide.

Soit que le nouveau fond et les joues
soient construits en briques ou en pierres, l'espace entr'eux et l'ancien fond et
les anciennes joues de la cheminée doit
être rempli, de manière à ajouter à la
solidité de la construction. On peut se
servir pour cela de matériaux de démo-
lition sans valeur, de fragmens de briques ou de pierres, pourvu que l'ouvrage
soit renforcé par quelques rangs de briques liées par du mortier ; mais il sera
toujours indispensable de soigner la
jonction de la nouvelle muraille avec
l'ancienne dans le haut de la gorge de
la cheminée, où cette jonction se fait
d'une manière brusque dans le canal
ouvert de la cheminée ; il conviendra
d'y placer une rangée horizontale de
briques à bain de mortier. Cette rangée
de briques sera de niveau avec le sommet de la porte de passage, laissée pour
l'entrée du ramoneur ; et le vide derrière cette porte doit être couvert par

une pierre horizontale ou une tuile,
qu'on enlèvera en même tems que la
porte de passage et dans les mêmes
occasions.

Il est clair, d'après ces descriptions,
que c'est à l'endroit où la gorge aboutit
dans la partie basse du canal ouvert
de la cheminée, que les trois murs
qui forment le fond et les deux joues
du foyer, se terminent brusquement. Il
importe beaucoup qu'ils finissent ainsi ;
car s'ils se terminaient en talus, et
s'élevaient de manière à former une espèce de trompette en s'élargissant, et en
allant insensiblement racheter la largeur du canal de la cheminée, il en
résulterait une disposition favorable aux
vents qui tendent à se rabattre dans le
canal et qui refouleraient la fumée dans
l'appartement; tandis que, lorsque la
gorge de la cheminée finit brusquement, et que l'extrémité des nouveaux
murs forme une surface plane horizontale, il est beaucoup plus difficile
qu'aucun vent venant du haut puisse
forcer le passage à travers le conduit
étroit qui forme la gorge de la cheminée.

Comme les deux murs qui forment

les nouvelles joues de la cheminée ne
sont pas parallèles entre eux, mais qu'il
sont inclinés, présentant une surface
oblique vers le front de la cheminée,
et comme ils sont construits parfaitement droits et absolument plats, à partir de l'âtre jusqu'au haut de la gorge,
où ils aboutissent, il est évident qu'une
section horizontale de la gorge ne sera
pas un carré long ; mais la déviation de
cette forme n'est pas un objet d'importance ; et il ne conviendrait pas, en tor-
turant les joues vers le haut, là où elles
approchent de la poitrine de la cheminée, de chercher jamais à s'en rap-
procher : tout ce qui est rentrée, courbes
proéminences, excavations, et toutes
autres irrégularités de forme dans les
joues d'une cheminée, ne sauraient manquer de produire des fluctuations dans
le courant d'air qui traverse incessam-
ment la cheminée, et passe sur un foyer
ouvert dans lequel le combustible brûle :
et ces fluctuations troublent nécessairement, soit le feu, soit le courant de fumée, ou quelquefois l'un et l'autre ;
ce qui très-fréquemment est la cause du
refoulement de la fumée dans les appartemens. On voit d'après cela qu'il ne

faut jamais donner aux joues une forme circulaire, ni celle d'aucune autre courbe, mais qu'il faut toujours les tenir plates.

Quant à la forme de la poitrine d'une cheminée, c'est un objet de grande importance, et auquel on ne saurait donner trop d'attention. La pire de toutes les formes qu'elle puisse affecter est celle d'un plan vertical ou d'une surface plate et droite; ce qu'il y a ensuite de plus vicieux c'est le plan incliné. L'une et l'autre formes obligent le courant d'air chaud qui vient de l'appartement, à croiser le courant de fumée qui s'élève du feu, embarrassant le mouvement ascensionnel de celui-ci, et souvent le refoulant vers le bas.

Le courant d'air qui, passant sous le manteau, s'introduit dans la cheminée, devrait être contraint *à se courber peu à peu dans son progrès ascensionel.* Par ce moyen, il s'unirait paisiblement avec le courant de fumée qui s'élève, et il serait moins sujet à le contrarier ou à le faire rabattre dans l'appartement. Or, cela peut s'effectuer avec la plus grande facilité et d'une manière assurée, tout simplement en *arrondis-*

sant la poitrine de la cheminée ou le derrière du manteau, au lieu de le laisser plat ou rempli de trous et d'angles. Il ne faut donc jamais manquer à cette précaution.

L'ingénieux auteur, après avoir ainsi déterminé la forme et la position des nouvelles joues de sa cheminée, porte ensuite son attention sur la hauteur qu'il convient de leur donner. Ceci doit dépendre, non-seulement de la hauteur du manteau, mais aussi, et même plus spécialement, de la hauteur de la poitrine de la cheminée, c'est-à-dire, de cette partie où finit la poitrine, et où le canal droit commence. Le fond et les joues doivent s'élever de quelques pouces, de cinq ou six, par exemple, plus haut que cette partie, autrement la gorge de la cheminée n'aura pas la forme convenable; mais il n'y aurait aucun avantage à les élever encore plus.

Une condition importante des foyers de cheminée nous reste encore à examiner; c'est la grille, dans le cas d'emploi de la houille comme combustible. On doit surtout avoir attention, en plaçant la grille, de faire coïncider son fond avec celui du foyer. Mais comme

on trouvera que le plus grand nombre
des anciennes grilles en usage sont trop
grandes, quand les foyers éprouveront
une modification, il deviendra indispensable de diminuer leur capacité, en
les garnissant, dans le fond et sur les
côtés, avec des morceaux de pierres ré-
fractaires. Dans ce cas, c'est le front de
la pierre plate qui doit être disposé de
manière à former un nouveau fond à la
grille, lequel doit coïncider avec le
fond du foyer et s'y lier. — Mais en di-
minuant la capacité des grilles, il faut
éviter cependant de les faire *trop étroites*.

La largeur convenable pour des grilles destinées à des chambres de moyenne
étendue, est de six à huit pouces, et la
longueur peut être diminuée plus ou
moins, selon que la chambre est échauffée avec plus ou moins de difficulté.
Mais quand la largeur d'une grille n'ex-
cède pas cinq pouces, il est fort difficile
d'empêcher le feu de s'éteindre.

Très-fréquemment le fond des grilles
n'est pas droit ou perpendiculaire, mais
il est incliné en arrière. Quand ces grilles
sont tellement trop larges qu'il devient
nécessaire d'en garnir le fond avec de la
pierre, cette inclinaison importe assez

peu ; car , en donnant la forme d'un coin au morceau de pierre destiné à rétrécir la grille , c'est-à-dire , en le tenant plus épais dans le haut que dans le bas , la partie antérieure de cette pierre qui , dans le fait , devient le fond de la grille , peut être rendue parfaitement verticale ; la partie de la grille cachée dans l'ouvrage n'aura aucune influence sur la bonté de l'appareil ; mais si déjà la grille est trop étroite pour permettre aucun retranchement dans sa largeur, ce qu'il y aura de mieux à faire , dans ce cas, sera d'enlever entièrement le fond de la grille , et de fixer fermement celle-ci dans l'ouvrage en briques, de manière que le fond du foyer lui-même serve de fond à la grille.

Quand les grilles destinées aux chambres de moyenne grandeur, dépassent en longueur quatorze ou quinze pouces, il sera toujours bon, non pas simplement de diminuer cette longueur , en couvrant les extrémités avec de la pierre , mais de réduire le fond de la cheminée à une largeur convenable , sans avoir égard à la longueur de la grille, afin d'élever les joues sur les deux extrémités de cette grille , de manière à les cacher ou au moins à en cacher les angles dans le mur des joues.

Quand il s'agit de modifier une cheminée, après avoir enlevé la grille et nettoyé la place, tracez d'abord, à la pierre blanche, une ligne droite sur l'âtre, d'un jambage à l'autre de la cheminée, de niveau avec le front des jambages. La ligne ponctuée A B, *fig.* 17, peut représenter cette ligne.

Du milieu *c* de cette ligne (A B), on doit tirer, à travers l'âtre, une autre ligne *c d*, qui soit perpendiculaire à la première, et qui joigne le milieu *d* du fond de la cheminée.

Il faut ensuite qu'une personne se tienne debout dans la cheminée, le dos appuyé sur son fond, tenant à la main une ligne d'aplomb fixée sur le milieu de la partie supérieure de la poitrine de la cheminée (*d*, *fig.* 15), c'est-à-dire, là où le canal de la cheminée commence à s'élever perpendiculairement; — Ayant soin, en même tems, de placer la ligne de manière que son plomb puisse tomber sur la ligne *c d* (*fig.* 17), tracée sur l'âtre, à partir du milieu de l'ouverture de la cheminée, en front du point milieu du fond ; et un aide doit marquer sur cette ligne le point précis *e*, où tombera le plomb.

Cela étant fait, et la personne qui s'était placée dans la cheminée ayant quitté sa position, il faut laisser quatre pouces sur la ligne *c d*, à partir de *e* allant en *d*; et le point *f*, où finissent ces quatre pouces (qui doit être marqué à la craie) indiquera de combien le nouveau fond de la cheminée doit être avancé.

Par le point *f*, tirez la ligne *g h* parallèle à la ligne A B, et cette ligne *g h* indiquera la direction du nouveau fond, c'est-à-dire la ligne de pied sur laquelle il doit être construit. La ligne *c f* fera connaître la profondeur du nouveau foyer; s'il arrivait que *c f* fût égal à environ le tiers de la ligne A B, et si la grille pouvait être arrangée pour le foyer, au lieu d'arranger le foyer pour la grille, alors la moitié de la ligne *c f* devrait être retranchée de *f*, sur la ligne *g f h*, d'un côté, jusqu'en *k*, et de l'autre jusqu'en *i*, et la ligne *i k*, indiquerait la ligne de pied du sol du fond de la cheminée.

Dans tous les cas où la largeur de l'ouverture du foyer en front (A B) se trouve n'être pas plus grande, ou ne pas excéder de deux ou trois pouces le *triple* de la largeur du nouveau fond de la cheminée ($i\,k$), on peut laisser subsister cette ouverture dans cet état ; et des lignes tirées de i en A, et de k en B, indiqueront la largeur et la position du front des nouvelles joues ; mais si l'ouverture du foyer en front est encore plus grande, il faut la réduire ; ce que l'on peut exécuter de la manière suivante :

A partir de C, point milieu de la ligne A B, $c\,a$ et $c\,b$ doivent être retranchés égaux à la largeur du fond ($i\,k$), ajoutée à moitié de sa largeur ($f\,i$), et des lignes tirées de i en a, et de k en b, indiqueront le plan inférieur des fronts des nouvelles joues.

Cela étant fait, il ne reste plus qu'à construire et élever le fond du foyer et les joues ; et si le foyer est destiné à brûler de la houille, il faut fixer la grille à la place convenable, selon les règles qui ont été données plus haut. Quand la largeur du foyer a été diminuée, les bords des joues a A et b B, doivent se raccorder avec le front des jambages ; et, en général, il vaudra toujours mieux, non pas seulement pour la bonne mine de la cheminée, mais pour bien d'autres raisons, il vaudra mieux, disons-nous, diminuer la hauteur de l'ouverture du foyer, toutes les fois que la largeur en front sera elle-même réduite.

Nous donnons, fig. 18, une vue de front d'une cheminée ainsi modifiée ; on y a représenté la partie inférieure de la porte de passage, ménagée pour le ramoneur ; cela est indiqué par les lignes ponctuées blanches.

Quand le mur de front de la cheminée, mesuré depuis la partie haute de la poitrine jusqu'au front du manteau, est très-mince, il peut arriver, et spécialement dans les cheminées destinées à brûler du bois sur leur foyer ou sur des chenets, que la profondeur de la cheminée, déterminée d'après les règles que nous avons tracées, se trouve trop petite.

Par exemple, supposons que le mur de front de la cheminée, à partir de la partie supérieure de la poitrine jusqu'au front du manteau, ne soit que de quatre pouces d'épaisseur (ce qui est très-fréquent, particulièrement pour les chambres situées dans le haut des maisons). Dans ce cas, si nous prenons quatre pouces pour la largeur de la gorge, nous aurons huit pouces seulement pour la profondeur du foyer, ce qui serait trop peu, lors même qu'on brûlerait de la houille au lieu de bois. Alors (dit le comte de Rumford), il faudrait augmenter la profondeur du foyer sur l'âtre, pour la porter à douze ou treize pouces, et il faudrait construire le fond perpendiculairement jusqu'à la hauteur de la partie supérieure du combustible (soit que ce soit du bois qui brûle sur l'âtre, ou de la houille sur une grille). Ensuite donnant du talus au fond du foyer, par une inclinaison légère en avant, on le ramènerait à sa place convenable, c'est-à-dire *perpendiculairement sous la partie postérieure de la gorge de la cheminée*. Ce talus (qui ramènera le fond du foyer en avant de quatre ou cinq pouces, c'est-à-dire tout juste de la quantité dont la profondeur du foyer sera augmentée), ne doit pas être brusque, mais cependant il doit se terminer à la hauteur de huit ou dix pouces au-dessus du feu; sans quoi il pouvait en résulter que la cheminée deviendrait fumeuse. Quand l'extrémité de ce talus est très-rapprochée du feu, la chaleur donne au courant la force d'emporter la fumée en s'élevant, et de vaincre l'obstacle apporté par le talus à ce mouvement ascensionel ; mais cela n'aurait pas lieu, si le talus se terminait à une distance plus grande du combustible en ignition.

Les fig. 19, 20 et 21, font voir un plan, une élévation et une coupe d'un foyer construit ou modifié d'après ce principe. Le mur de front de la cheminée en *a*, fig. 21, n'étant que de quatre pouces d'épaisseur, quatre autres pouces y ajoutés, pour la largeur de la gorge, auraient été insuffisans ; car il n'y aurait eu que huit pouces mesurés pour le foyer au niveau de l'âtre *b c* : on a donc pratiqué une niche *c* et *e* sur le nouveau fond du foyer pour recevoir la grille, laquelle niche est de six pouces de profondeur à son centre ; cette niche a, en dessous, treize pouces de large et vingt-trois pouces de haut ; elle se termine dans la partie supérieure en une arche semi - circulaire qui, dans sa partie la plus haute, s'élève à sept pouces au-dessus du sommet de la grille. La porte de passage pour le ramoneur, qui commence précisément au - dessus du sommet de la niche, peut être distinctement aperçue sur les deux fig. 20 et 21. L'espace marqué *g*, fig. 21, derrière cette porte de passage, peut être rempli avec des briques détachées, ou laissé vide. La manière dont le morceau de pierre *f*, fig. 21 (qui est placé sous le manteau de la cheminée, pour diminuer la hauteur de l'ouverture du foyer) a été arrondi à l'intérieur pour procurer une ascension favorable de la colonne de fumée dans la gorge de la cheminée, est clairement exprimée sur cette figure. Le plan, fig. 19, et l'élévation fig. 20, font voir de combien la largeur de l'ouverture du foyer en front est diminuée, et comment les joues sont formées dans le nouveau foyer.

Si l'on donne une attention suffisante à ces figures, on aura une idée nette de la forme et des dimensions du foyer, tant dans son état primitif, qu'après les altérations qu'il a subies.

Pour les cheminées, telles que celle représentée *fig.* 22, où les jambages A et B, s'avancent beaucoup dans la chambre, et où le bord antérieur du chambranle en marbre *o*, qui forme la joue, ne vient pas autant en avant que le front des jambages, les ouvriers en construi-

sant les nouvelles joues , sont très-sujets
à les placer , non pas sur la ligne *c* A ,
comme il faudrait le faire , mais sur la
ligne *c o*, ce qui est une grande faute.
Les joues d'une cheminée ne devraient
jamais s'aligner *derrière* le front des jambages, quelque proéminens que ceux-
ci puissent être dans l'appartement :
mais il n'est pas absolument nécessair
que les joues se *raccordent* exactement
avec les angles intérieurs en front des
jambages, ni qu'on les continue depuis
le fond *c*, jusqu'au front des jambages
en A. Elles peuvent se terminer en front
aux points *a* et *b* ; et on peut laisser de
petites encoignures A, *o*, *a* , pour y
placer les pelles, pincettes , etc.

Si la nouvelle joue s'alignait avec le
bord antérieur de l'ancienne joue *o* ,
l'obliquité de la nouvelle joue serait
communément trop grande ; c'est-à-
dire que l'angle *d c o* excéderait 135
degrés, *ce qui ne doit jamais avoir
lieu* ; ou au-moins cet excès ne doit jamais être que d'un très-petit nombre de
degrés. Il n'y a pas grand inconvénient à
rendre l'obliquité des joues *moindre*
que celle que l'on recommande ici ;
tandis qu'il y en aurait beaucoup à la
faire considérablement plus grande.

FIN.

TABLE

DES MATIÈRES.

PREMIÈRE PARTIE.

DEUXIÈME PARTIE.

FIN DE LA TABLE.

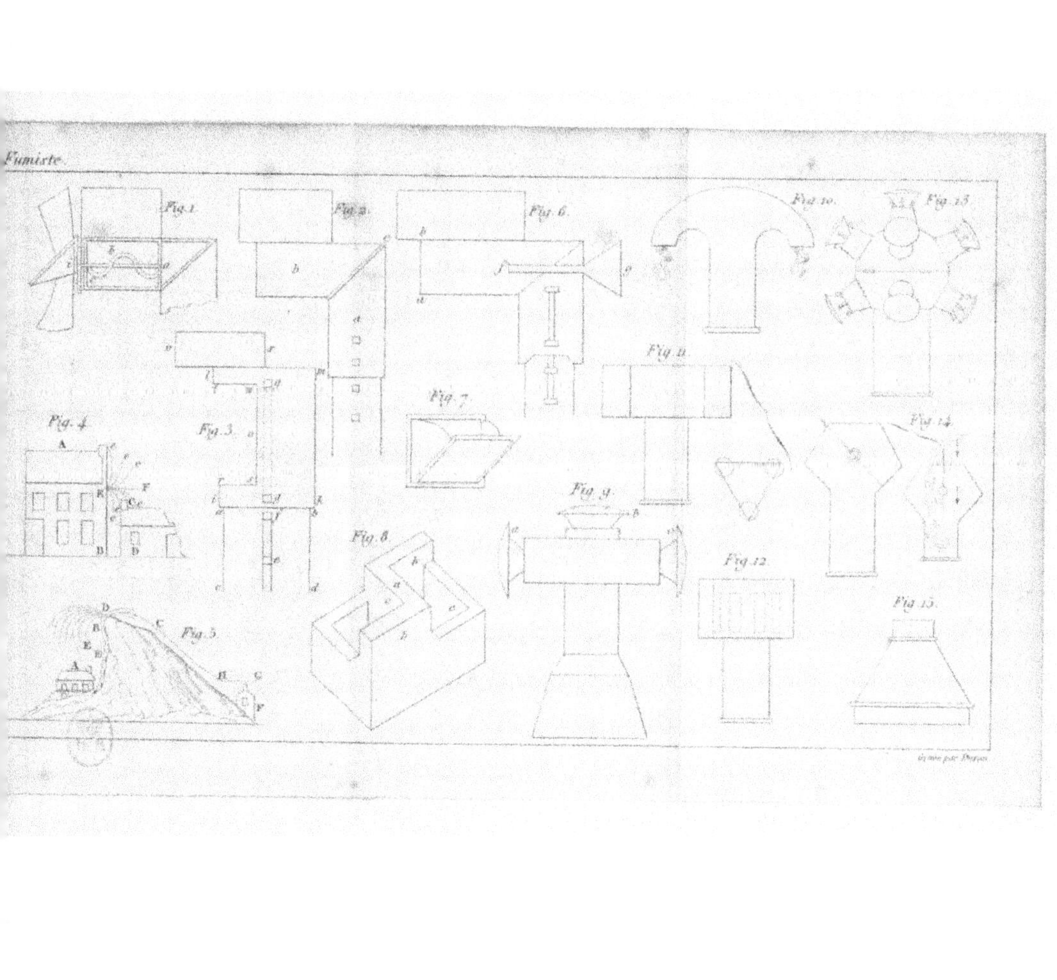

Fig. 1.
Fig. 2.
Fig. 6.
Fig. 10.
Fig. 13.
Fig. 11.
Fig. 4.
Fig. 3.
Fig. 7.
Fig. 14.
Fig. 9.
Fig. 8.
Fig. 12.
Fig. 15.
Fig. 5.

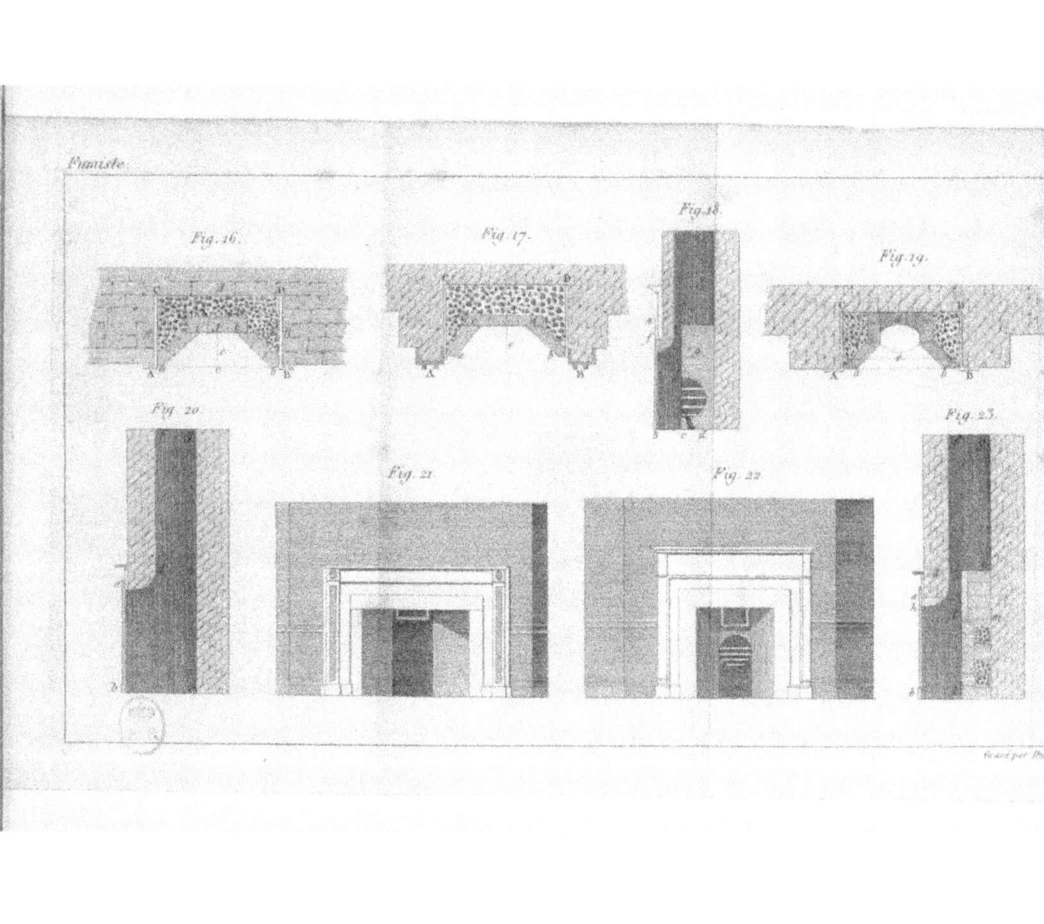

Fig. 16.
Fig. 17.
Fig. 18.
Fig. 19.
Fig. 20.
Fig. 21.
Fig. 22.
Fig. 23.